**Bibliografische Information der Deutschen Nationalbibliothek:**

Die Deutsche Bibliothek verzeichnet diese Publikation in der Deutschen National-
bibliografie; detaillierte bibliografische Daten sind im Internet über http://dnb.d-
nb.de/ abrufbar.



**Impressum:**

Copyright © 2015 GRIN Verlag
Druck und Bindung: Books on Demand GmbH, Norderstedt Germany
ISBN: 9783668965133

**Dieses Buch bei GRIN:**

https://www.grin.com/document/475223

Sadik Mejid, Markus Fetzer

# NMR-Spektroskopie. Eine Versuchsdurchführung

GRIN Verlag

# Universität zu Köln

## Institut für Physikalische Chemie

## Praktikum PC

Modul MN-C-E-PC

Versuch 11:

# NMR-Spektroskopie

**Versuchsdurchführung:** 15.01.2015

**Gruppe 11:** Sadik Mejid,  Markus Fetzer

# Inhaltverzeichnis


1 Einleitung .......................................................... 3

2 Aufgabenstellung .................................................. 4

3 Versuchsaufbau .................................................... 4

4. Locken ............................................................ 5

5. Shimmen ........................................................... 5

6. Auswertung und Darstellung der Ergebnisse ......................... 6

6.1 Spektrenweite ..................................................... 6

6.2 $^1$H-Spektrum ................................................... 7

6.3 $^1$H-Spektrum: Das Verhältnis der beiden Hauptkomponenten ........ 9

6.4 90°-Pulslänge .................................................... 9

6.5 Inversion-Recovery-Experiment .................................... 13

6.6 Relaxationszeit .................................................. 15

6.7 Zentrumsfrequenz ................................................. 20

6.8 $^{13}$C-Spektrum ................................................ 21

7. Zusammenfassung und Diskussion ................................... 21

8 Literatur ......................................................... 22

# 1. Einleitung

Die NMR-Spektroskopie ist eine der leistungsfähigsten instrumentellen Analysenmethoden in der Chemie. Sie ist heute unverzichtbar bei der Aufklärung von Molekülstrukturen. Es können kleine Moleküle wie auch recht große - bis zu Proteinen - untersucht werden. Die Bedeutung der Methode ist daran erkennbar, dass für deren Erforschung und Weiterentwicklung viermal der Nobelpreis verliehen worden ist[1].

## Prinzip

Gewisse Atomkerne verhalten sich wie kleine Stabmagneten. Von besonderem Interesse für die organische Chemie sind die Kerne $^1H$ und $^{13}C$. In einem Magnetfeld richten sich solche Atomkerne parallel zum Feld aus. Durch Energiezufuhr (mittels elektromagnetischer Strahlung) lassen sie sich umorientieren, so dass sie nachher entgegengesetzt zum Magnetfeld ausgerichtet sind. Bei dieser Umorientierung wird Energie absorbiert (Resonanzphänomen): Kernmagnetische Resonanz, **N**uclear **M**agnetic **R**esonance. Diese Energieabsorption ist vergleichbar der Lichtabsorption; während dort ein Elektron auf eine Bahn höherer Energie gehoben wird, wird hier die Energie für die Umorientierung im Magnetfeld benötigt. In den heute verwendeten NMR-Spektrometern liegt die Frequenz der verwendeten Strahlung je nach Magnetfeld bei 60 bis 800 MHz. Die genaue Resonanzfrequenz für einen bestimmten Atomkern innerhalb eines Moleküls hängt von dessen chemischer Umgebung (Molekülstruktur) ab. Die Unterschiede zwischen den Resonanzfrequenzen von verschiedenen Wasserstoffatomen sind sehr gering und liegen im ppm-Bereich (parts per million), betragen also nur Millionstel der absoluten Resonanzfrequenz. Jede Resonanz in einem NMR-Spektrum wird nach drei Gesichtspunkten ausgewertet:

1. Lage der Resonanz im Spektrum (Resonanzfrequenz), «chemische Verschiebung», Angabe in ppm, charakteristisch für die chemische Umgebung des die Resonanz verursachenden Atomkernes, gibt also Hinweise auf die Molekülstruktur.

2. Intensität der Resonanz (Absorptionsstärke), «Integral», wird durch die Treppenstufe grafisch wieder gegeben, manchmal auch numerisch. Das Integral über einer Resonanz ist proportional zur Anzahl der Atomkerne, welche die Resonanz verursachen.

3. Aufspaltung der Resonanz durch «Kopplung» zwischen benachbarten Atomkernen, Angabe in Hz, erlaubt Rückschlüsse auf Nachbarschaftsbeziehungen und damit auf die Molekülstruktur[1].

# 2. Aufgabenstellung

- Die Aufnahme eines $^1$H-NMR-Spektrums eines unbekannten Lösungsmittel-gemisches in Chloroform und deren Analyse. Dazu sollten die Signale der Spektren und ihre Integrale  Verbindungen zugeordnet werden und somit das unbekannte Lösungsmittelgemisch aus einem Satz verschiedener Lösungsmittel identifiziert werden.

- Die Aufnahme der FID-Signale (Free Induction Decay) der Probe bei unterschiedlichen Pulslängen 3µs, 8µs, 13µs, 18µs, 23µs, 28µs, 33µs, 38µs und 43µs und die Bestimmung des 90°-Pulses.

- Die Bestimmung der Zentrumsfrequenz des aufgenommen $^1$H-Spektrums und eines $^{13}$C-Spektrums durch die Auswertung eines  Inversion-Recovery-Experiments

# 3. Versuchsaufbau

**Tabelle 1:** Geräteeinstellungen für den Versuchsteil $^1$H-NMR sind in folgender Tabelle zusammengefasst.

| Befehl | Abkürzung | Einstellung |
|---|---|---|
| Pulsfrequenz | SFO1 | 300 MHz |
| Spektrenweite | SWH | 4789 Hz |
| Anzahl der Durchgänge | NS | 1 |
| Aquisition-Intervall | AQ | 3,422 s |
| Auflösung | TD | 32768 |
| Pulslänge | PI | 9,5 µs |
| Offset (Zentrum des Spektrums) | O1 | 2244 Hz |

**Tabelle 2:** Geräteeinstellungen für 90°-Puls sind in folgender Tabelle zusammengefasst.

| Befehl | Abkürzung | Einstellung |
|---|---|---|
| Pulsfrequenz | SFO1 | 300 MHz |
| Spektrenweite | SWH | 74 Hz |
| Anzahl der Durchgänge | NS | 1 |
| Aquisition-Intervall | AQ | 6,920 s |
| Auflösung | TD | 1024 |
| Pulslänge | PI | 9,5 µs |
| Offset (Zentrum des Spektrums) | O1 | 888 Hz |

# 4. Locken

Durch das Locken wird die zeitliche Homogenität des Magnetfelds gewährleistet. Weiterhin ist es notwendig, dass das Feld-Frequenz-Verhältnis während der Messung stabilisiert wird, da es sonst - bedingt durch die Feldabhängigkeit der chemischen Verschiebung - zu ungenauen Messergebnissen kommen kann. Das geschieht mit Hilfe der kontinuierlichen Aufnahme eines Referenzsignals (Locksignals) in einem eigenen Kanal (Lockkanal). So können bereits geringste Änderungen der magnetischen Induktion erkannt und korrigiert werden. Als Locksignal wird im Allgemeinen das Deuteriumsignal des Lösungsmittels verwendet. Die Optimierung des Locksignals erfolgt durch Justierung des z-Gradienten. In der Praxis verändert man $z$ und $z^2$ mit Hilfe eines Drehknopfes so lange, bis das Signal optimal ist und maximale Intensität besitzt.

Deuterium als Spin-1-Kern hat ebenfalls ein magnetisches Moment, aber seine Resonanzfrequenz ist sehr weit von der der Protonen entfernt. Es kann deshalb dazu benutzt werden, das Verhältnis von Magnetfeld und Radiofrequenz konstant zu halten (Lock). Das Lösungsmittel hat bei 100%iger Substitution kein eigenes Signal in der $^1$H-NMR. Bei der Verwendung der normalen, nichtdeuterierten Lösungsmittel wäre bei den üblichen Substratkonzentrationen das Lösungsmittelsignal  das bei weitem größte, was zu unerwünschten Signalüberlagerungen, aber auch zu Problemen bei der Darstellung kleinerer Signale nach der Fourier-Transformierung des FIDs führen kann. Dennoch haben die üblicherweise verwendeten deuterierten Lösungsmittel ein – wenn auch kleines – $^1$H-Signal, weil der Deuterierungsgrad der üblichen kommerziellen Lösungsmittel nicht 100%, sondern nur 99% bis 99,9% ist[2].

# 5. Shimmen

Das Shimmen gewährleistet die räumliche Konstanz des Magnetfelds. Zur Maximierung der Homogenität des Magnetfeldes und damit der Signalschärfe werden  Stromtragende Shim-Spulen verwendet. Durch  das Einstellen einer geeigneten Stromstärke  werden Zusatzfelder erzeugt, die die Homogenität des Magnetfeldes wesentlich verbessern und damit ein besseres Signal-Rausch-Verhältnis zu erreichen.

# 6. Auswertung und Darstellung der Ergebnisse

## 6. 1 Berechnen Sie aus der Spektrenweite in Hz die Spektrenweite in ppm.

Die Spektrenweite eines Spektrums in ppm ist mit der Pulsfrequenz des Spektrometers und der Spektrenweite in Hertz gegeben durch:

$$SWP = \frac{SWH}{SF01} \tag{1}$$

Mit:

SWP = Spektrenweite [ppm]

SWH = Spektrometer [Hz]

SF01: Pulsfrequenz [MHz]

Die Spektrenweite des $^{1}$H-NMR-Spektrums ergibt sich entsprechend den Geräteeinstellungen in Tab. 1 zu:

$$SWP = \frac{4789\ Hz}{300\ MHz} = 16\ ppm \tag{2}$$

Die Spektrenweite der Spektren zur Bestimmung des 90°-Pulses ergibt sich mit den Geräteeinstellungen aus der Tab. 2 zu:

$$SWP = \frac{74\ Hz}{300\ MHz} = 0{,}25\ ppm \tag{3}$$

## 6.2 ¹H-NMR-Spektrum

Das bearbeitete ¹H-NMR-Spektrum des zu identifizierenden Lösungsmittelgemischs ist zwischen 9 bis 0 ppm relativ zu TMS in Abb. 1 gezeigt.

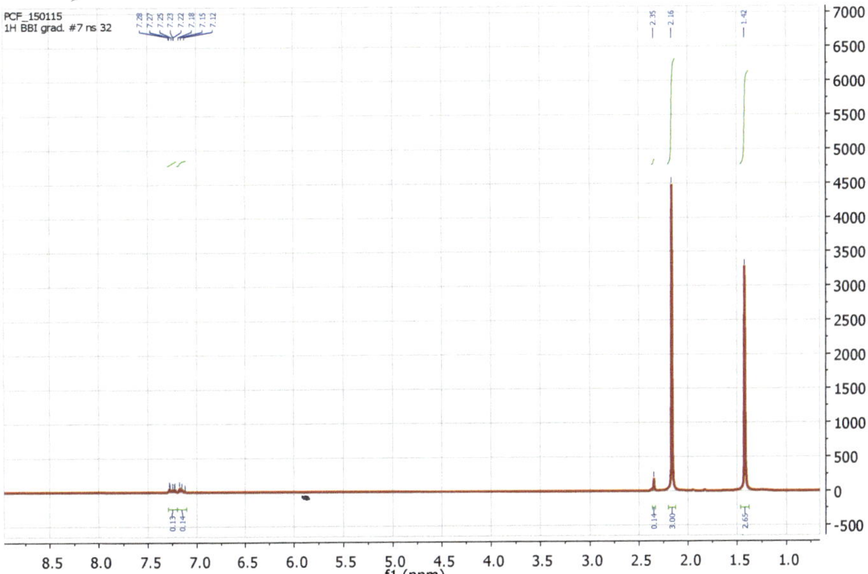

**Abb. 1:** ¹H-NMR-Spektrum des zu identifizierenden Lösungsmittelgemischs.

Das unbekannte Lösungsmittelgemisch wurde als eine Mischung aus Aceton und Cyclohexan identifiziert. Das Singulett bei 2,16 ppm (Abb. 2) wird dem Aceton zugeordnet. Das Singulett bei 1,42 ppm (Abb. 3) wird dem Lösungsmittel Cyclohexan zugeordnet. Die beiden Multipletts mit geringer Intensität bei 7,25 bzw. 7,15 ppm konnten dem aromatischen System des Toluols und das Singulett bei 2,35 ppm der Methygruppe des Toluols zugeordnet werden, hierbei handelt es sich um Toluol-Verunreinigungen.

**Aceton,** ¹H-NMR (CDCl$_3$, 300 MHz): δ = 2,16 (s, 3H, CH$_3$).

**Lit. Aceton [4],** ¹H-NMR (CDCl$_3$, 300 MHz): δ = 2,17 (s, 3H, CH$_3$).

**Cyclohexan,** ¹H-NMR (CDCl$_3$, 300 MHz): δ =1,42 (s, 2H, CH$_2$).

**Lit.: Cyclohexan [4],** ¹H-NMR (CDCl$_3$, 300 MHz): δ = 1,43 (s, 2H, CH$_2$).

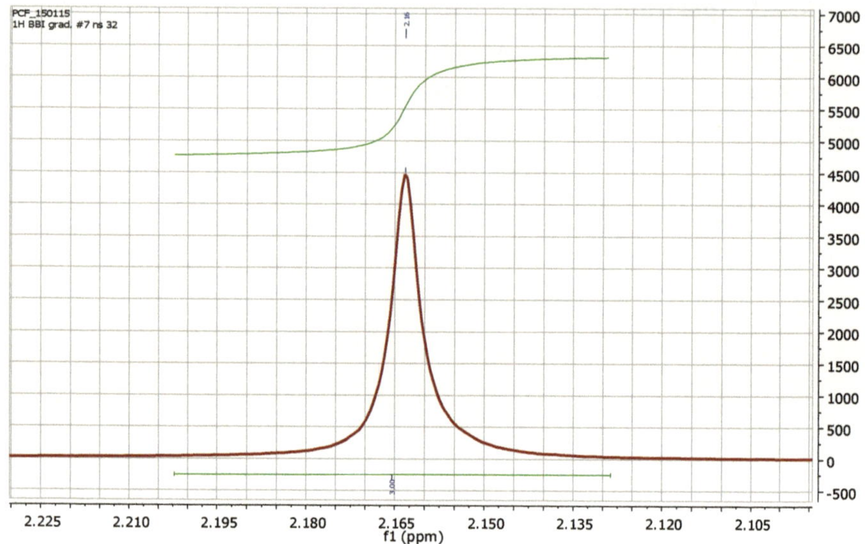

**Abb. 2:** Vergrößerter Ausschnitt des Singuletts bei 2,16 ppm des aufgenommenen ¹H-NMR-Spektrums.

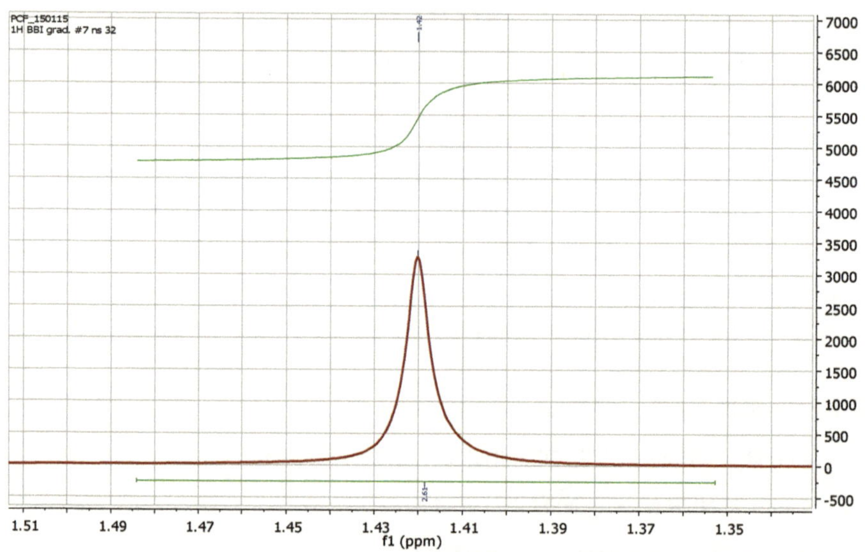

**Abb. 3:** Vergrößerter Ausschnitt des Singuletts bei 1,42 ppm des aufgenommenen ¹H-NMR-Spektrums

## 6.3 $^1$H-Spektrum: Das Verhältnis der Hauptkomponenten

Das Verhältnis der Intensitäten gibt das Verhältnis der Protonen in der Probe an. Praktisch ergeben sich die Intensitäten aus den Integralen über die einzelnen Signale. Das Signal mit der geringsten Intensität wird eins gesetzt. Entweder stimmt dann die Anzahl der Protonen mit den in der Summenformel angegebenen überein oder es wird ein Vielfaches gebildet. Daher lässt sich das Mengenverhältnis der Protonen der zu untersuchenden Verbindung durch folgende Formel berechnen:

$$\frac{I_1/n_1(\mathrm{H})}{I_2/n_2(\mathrm{H})} \qquad (4)$$

mit

$I$i Integral eines Peaks der Komponente i und

$n$i(H) Anzahl der Wasserstoffatome, der zum Integral i gehören.

Durch das verhältnis der Integrale der Wasserstoffatome der beiden LM-Komponenten wird auf den Lösungsmittelgemisch geschlossen. Das Verhältnis von Aceton zu Cyclohexan wurde aus den Signalen bei 2,16 und 1,42 ppm berechnet

$$\frac{3/3}{2,61/2} = 0,76 \rightarrow \text{Aceton : Cyclohexan} = 0,76 : 1 \qquad (5)$$

Somit beträgt das Verhältnis von Aceton zu Cyclohexan in guter Näherung 0,76 : 1.


## 6.4 90°-Pulslänge

Für die aufgenommenen Free-Induction-Decay-Signalen der Probe bei den Pulslängen 13µs, 18µs, 23µs, 28µs, 33µs, 38µs und 43µs wurden eine Fourier-Transformation und eine Phasenkorrektur durchgeführt. Die Spektren sind in Abb. 6 graphisch dargestellt.

9

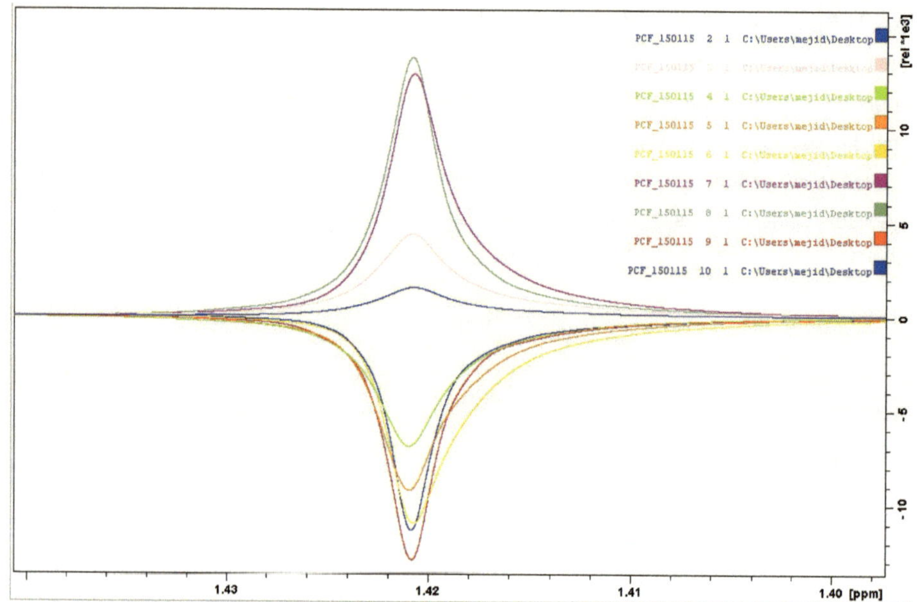


**Abb. 4:** Spektren zur Bestimmung des 90°-Pulses bei den gemessenen Pulslängen (3 µs, 8 µs,13 µs, 18 µs, 23 µs, 28 µs, 33 µs, 38 µs und 43 µs).

Die Integrale der unterschiedlichen Signale aus Abb. 4 sind in Tabelle 3 aufgelistet:

**Tabelle 3:** Integrale der Signale bei verschiedenen Pulslängen.

| Pulslänge [µs] | Integral |
| --- | --- |
| 3 | 1,00 |
| 8 | 3,17 |
| 13 | -2,03 |
| 18 | -3,56 |
| 23 | -2,75 |
| 28 | 2,67 |
| 33 | 3,03 |
| 38 | -2,02 |
| 43 | -3,52 |

Abb. 5 zeigt die Auftragung der Integrale bzw. Intensitäten gegen die Pulslänge. Die Anpassung wird mittels einer Sinusfunktion nach der folgenden Form durchgeführt:

$$y = a\sin\left(\frac{x-b}{c}\pi\right) + d \tag{6}$$

**Tabelle 4**: Auflistung der erhaltenen Parameter a, b, c und d.

| a | b | c | d |
|---|---|---|---|
| 3,46 ± 0,45 | 0,78 ± 1,03 | 11,90 ± 0,51 | -0,43 ± 0,33 |

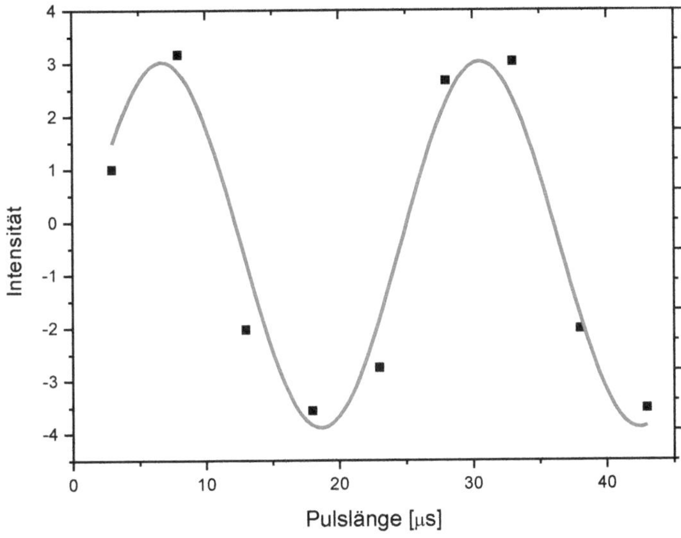


**Abb. 5**: Auftragung der Intensität gegen die Pulslänge. Der Kurvenverlauf wurde durch eine Sinusfunktion gut beschrieben.

Die besten Ergebnisse lassen sich bei 90°- und der 180°-Puls erhalten. Die maximale

11

Intensität wird bei einem 90°-Puls erfasst, weil die Nettomagnetisierung in die xy-Ebene gekippt ist. Bei einem 180°-Puls ist die Nettomagnetisierung parallel zum äußeren Magnetfeld gerichtet, daher ist die Intensität Null.

Mit Hilfe des Maximums der Sinuskurve wird die Pulslänge des 90°-Pulses bestimmt. Das Maximum der Sinuskurve ist durch Nullsetzten und Umformen der Ableitung von Gl. 6 als Nullstelle einer Kosinusfunktion gegeben durch

$$x = kc + \frac{c}{2} + b \tag{7}$$

Bei $k = 0$ wird die Pulslänge des 90°-Pulses wie folgt berechnet:

$$t_{90°} = \frac{c}{2} + b \tag{8}$$

Mit

$t_{90°}$ = Pulslänge 90°-Puls

Der Fehler in der Pulslänge wird mit der *Gauß*'schen Fehlerfortpflanzung nach folgender Formel berechnet:

$$\Delta t_{90°} = \sqrt{\left(\frac{\Delta c}{2}\right)^2 + (\Delta b)^2} \tag{9}$$

mit

$\Delta t_{90°}$ = Fehler der Pulslänge 90°-Puls,

$\Delta b$ = Fehler in b

$\Delta c$ = Fehler in c.

Die Pulslänge des 90°-Pulses wurde mit den Werten der Sinuskurve aus der Tabelle 4 bestimmt:

$$t_{90°} = 6{,}73 \pm 0{,}55 \text{ µs} \tag{10}$$

Die genaue Ajustierung des Pulswinkels ist bei verschiedenen NMR-Versuchen wichtig z. B. in Relaxationsexperimenten, bei denen ein genauer Pulswinkel zur Auslenkung des Gleichgewichts erforderlich ist, andernfalls kommt es zu Ungenauigkeiten bei der Relaxation. Vor allem bei der Aufnahme von DEPT-Spektren ist die Genauigkeit des Pulswinkels von großer Bedeutung.

## 6.5 Inversion-Recovery-Experiment

Die longitudinale Relaxationszeit wird über das Inversion-Recovery-Experiment mit der Pulssequenz

$$180\,^{\circ}{}_{x} - \tau - 90\,^{\circ}{}_{x} \qquad (11)$$

bestimmt. Die Auslenkung der Nettomagnetisierung in z-Richtung wird durch Einstrahlen eines 180°-Pulses in (-z)-Richtung erreicht. Die erfolgte Magnetisierung in (-z)-Richtung parallel bzw. antiparalell zum äußerlichen Magnetfeld ist nicht dirkt messbar und nimmt durch Relaxation ständig wieder ab. Nach einer bestimmten Wartezeit wird ein 90°-Puls eingestrahlt, wodurch die restliche Magnetisierung in (-z)-Richtung zur y-Achse gekippt und dann als Quermagnetisierung erfasst wird. Durch die Abnahme der Magnetisierung als Funktion der Wartezeit kann die Relaxationszeit mit *Bloch*-Gleichungen bestimmt werden.

Die z-Komponente der Magnetisierung ändert sich während der longitudinalen Relaxation. Dies wird mit folgendem Geschwindigkeitsgesetz erster Ordnung nach Bloch berechnet:

$$-\frac{dM_Z}{d\,\tau} = \frac{M_0 - M_Z}{T_1} \qquad (12)$$

mit

$M_0$ = Magnetisierung zum Zeitpunkt 0

$M\tau$ = Magnetisierung zum Zeitpunkt $\tau$

$M_Z$ = Magnetisierung nach der Wartezeit

$\tau$ = Wartezeit und

$T_1$ = Relaxationszeit.

13

Die Lösung der Differentialgleichung durch Trennung der Variablen ergibt die Gesetzmäßigkeit:

$$M_0 - M_z = \tilde{C}\, e^{\left(-\frac{t}{T_1}\right)}$$ (13)

mit

$\tilde{C}$ Integrationskonstante.

Für das Inversion-Recovery-Experiment hat die Integrationskonstante einen Wert von = $2M_0$. Durch Einsetzen der Integrationskonstanten in Gl. 13 und Logarithmieren folgt:

$$\ln\left(M_0 - M_z\right) = \ln\left(2M_0\right) - \frac{\tau}{T_1}$$ (14)

Der Nulldurchgang $M_z = 0$ ergibt:

$$0 = M_0\left(1 - 2\,e - \frac{\tau}{T_0}\right)$$ (15)

Somit beträgt die Wartezeit $\tau_0$ für den Nulldurchgang:

$$\tau_0 = T_1\, ln2$$ (16)

## 6.6 Relaxationszeit

Die Messdaten eines Inversion-Recovery-Experiments sind in Tabelle 5 zusammen-gefasst

**Tabelle 5**: Auflistung der Messdaten eines Inversion-Recovery-Experiments.

| $\tau$ / s | $M_z(\tau)$, [Am$^{-1}$], Peak 1 | $M_z(\tau)$, [Am$^{-1}$], Peak 2 |
|---|---|---|
| 0 | -0,96 | -0,96 |
| 1 | -0,18 | -0,67 |
| 2 | 0,30 | -0,37 |
| 3 | 0,56 | -0,11 |
| 4 | 0,71 | 0,1 |
| 5 | 0,84 | 0,27 |
| 6 | 0,88 | 0,41 |
| 7 | 0,92 | 0,55 |
| 8 | 0,95 | 0,61 |
| 9 | 0,96 | 0,72 |
| 10 | 0,98 | 0,78 |

Nun werden die Messdaten des Inversion-Recovery-Experiments graphisch dargestellt, indem $M_z(\tau)$ gegen $\tau$ aufgetragen wird. Die Punkte wurden mit der Exponentialfunktion der folgenden Form angepasst:

$$y = a\,e^{bx} + c \tag{17}$$

Die durch die Anpassung erhaltenen Parameter sind in folgender Tabelle aufgelistet:

**Tabelle 6**: Parameter angepassten Exponentialfunktionen.

| | a | b | c |
|---|---|---|---|
| Peak 1 | -1,936 ± 0,011 | -0,516 ± 0,027 | 0,979 ± 0,006 |
| Peak 2 | -1,949 ± 0,020 | -0,513 ± 0,05 | 0,991 ± 0,011 |

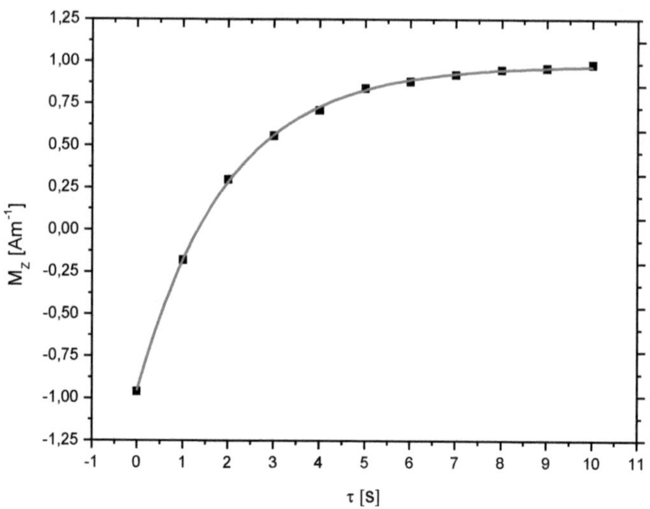

**Abb. 6**: Auftragung der Magnetisierung $M_Z$ als Funktion der Wartezeit $\tau$ von Peak 1.

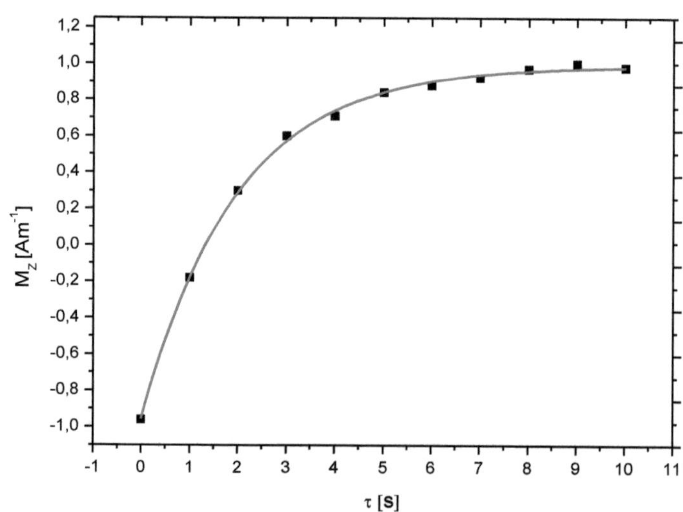

**Abb. 7**: Auftragung der Magnetisierung $M_Z$ als Funktion der Wartezeit $\tau$ von Peak 2.

Die Relaxationszeit lässt sich aus dem Nulldurchgang der Magnetisierung bestimmen. Die Nullstellen der Exponentialfunktionen sind durch Nullsetzen und Umstellen von Gl. 17 gegeben durch

$$\tau_0 = \frac{1}{b} \ln\left(-\frac{c}{a}\right) \tag{18}$$

Durch Einsetzen von Gl. 18 und Umstellen wird die Relaxationszeit erhalten als:

$$T_1 = \frac{\ln\left(-\frac{c}{a}\right)}{\ln\left(2^b\right)} \tag{19}$$

Für die Fehlerrechnung in der Relaxationszeit wird die Gauß'sche Fehlerfortpflanzung wie folgt angewandt:

$$\Delta T_1 = \sqrt{\left(\frac{\Delta a}{\ln\left(2^{ab}\right)}\right)^2 + \left(\frac{\Delta b}{b^2}\ln\left(-\frac{c}{a}-2\right)\right)^2 + \left(\frac{\Delta c}{\ln\left(2^{bc}\right)}\right)^2} \tag{20}$$

Mit

$\Delta T_1$ = Fehler der Relaxationszeit.

$\Delta a$ = Fehler des Parameters a.

Die Bestimmung der Relaxationszeiten der Peaks eins und zwei erfolgte mit Hilfe der Parameter der Exponentialkurven aus Tabelle 6:

$$T_{1,\,\text{Peak 1}} = 1{,}91 \pm 0{,}02 \text{ s} \tag{21}$$

$$T_{1,\,\text{Peak 2}} = 1{,}90 \pm 0{,}05 \text{ s} \tag{22}$$

17

Nun wird die halblogarithmische Auftragung $\ln(M_0 - M_z)$ gegen $\tau$ durchgeführt. An die Messpunkte wird eine Gerade gefittet, aus deren Steigung $T_1$ bstimmt wird.

**Tabelle 7**: Auflistung der Messdaten eines Inversion-Recovery-Experiments für halblogarithmische Auftragung.

| $\tau$ / s | $\ln(M_0 - M_z)$, [Am$^{-1}$, ]Peak 1 | $\ln(M_0 - M_z)$, [Am$^{-1}$], Peak 2 |
|---|---|---|
| 0 | 0,649 | 0,649 |
| 1 | 0,131 | 0,129 |
| 2 | -0,422 | -0,421 |
| 3 | -0,919 | -0,918 |
| 4 | -1,392 | -1,391 |
| 5 | -2,121 | -2,118 |
| 6 | -2,531 | -2,529 |
| 7 | -3,210 | -3,110 |
| 8 | -4,620 | -4,581 |
| 9 | - | - |
| 10 | - | - |

Die Messpunkte wurden linear angepasst. Die geradengleichung ist wie folgt:

$$Y = ax + b \tag{23}$$

Die aus der Geradengleichung erhaltenen Werte für $a$ und $b$ sind in folgender Tabelle aufgelistet:

| | a | b |
|---|---|---|
| **Peak 1** | -0,6086 ± 0,037 | 0,8307 ± 0,102 |
| **Peak 2** | -0,6008 ± 0,036 | 0,8157 ± 0,176 |

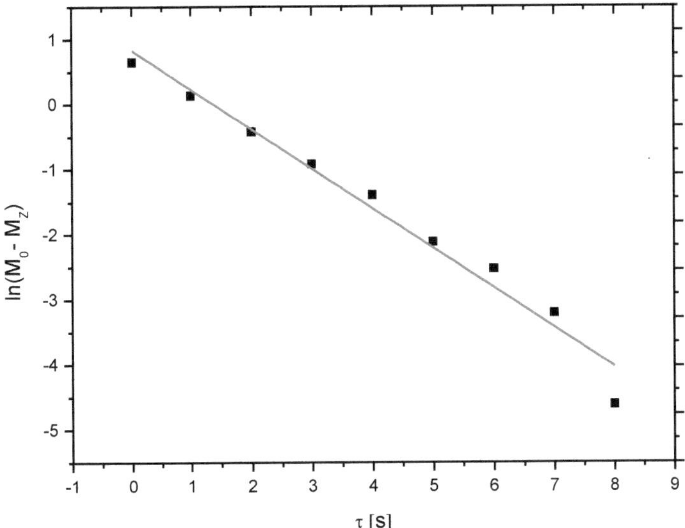

**Abb. 8:** Halblogarithmische Auftragung der Magnetisierung $\ln(M_0 - M_Z)$ gegen die Wartezeit $\tau$ von Peak 1.

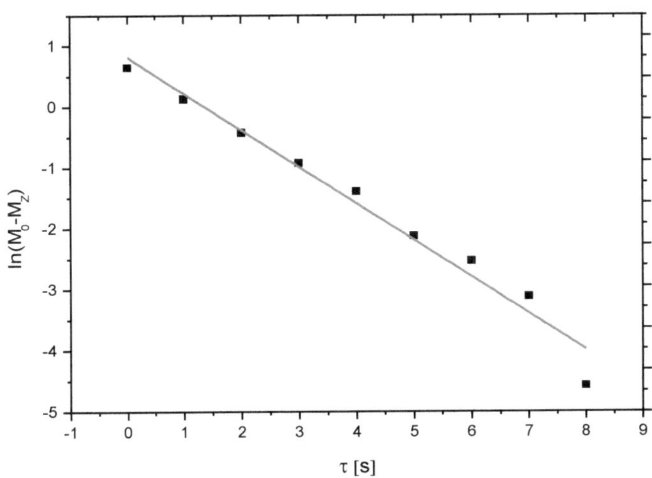

**Abb. 9:** Halblogarithmische Auftragung der Magnetisierung $\ln(M_0 - M_Z)$ gegen die Wartezeit $\tau$ von Peak 2.

19

Aus der angepassten Geraden lässt sich mit Hilfe von Gl. 24 die Relaxationszeit bestimmen:

$$T_1 = \frac{1}{a} \qquad (24)$$

Für die Fehlerrechnung in der Relaxationszeit wird die Gauß'sche Fehlerfortpflanzung wie folgt angewandt:

$$\Delta T_1 = \frac{\Delta a}{a^2} \qquad (25)$$

Somit betragen die erhaltenen Werte für die Relaxationszeiten von Peak 1 und 2:

$T_{1,Peak1} = 1{,}64 \pm 0{,}01$

$T_{1,Peak2} = 1{,}66 \pm 0{,}12$

## 6.7 Zentrumsfrequenz

Die Zentrumsfrequenz als Mittelpunkt eines Spektrums entspricht der halben Spektrenweite, wobei das Spektrum durch den Bezug auf TMS um 0,5 ppm bzw. 150 Hz verschoben wurde. Für die Zentrumsfrequenz relativ zu TMS gilt:

$$\nu_z = \frac{SW}{2} - \nu_{TMS} \qquad (26)$$

Mit

$\nu_z$ = Zentrumsfrequenz

$\nu_{TMS}$ = Referenzfrequenz

Bei SWP = 16 ppm ergibt sich für die Zentrumsfrequenz mit Gl. 26:

$\rightarrow \quad \nu_z = 7{,}49$ ppm = 2247 Hz

## 6.8 $^{13}$C-Spektrum

Das $^{13}$C-Spektrum zeigt zwei Signale bei 48 und bei 102 ppm. Das erste Signal ist bei 2 kHz und das zweite signal ist 7 kHz davon entfernt. Somit beträgt die Zentrumsfrequenz 10 kHz. Das Spektrum erstreckt sich am linken Rand bis 125 ppm und somit beträgt die SW 130 ppm

Das Magnetfeld $B_0$ des Spektrometers ist durch die folgende Forml beschrieben:

$$B_0 = \frac{2\,\pi\,\nu}{\gamma}$$

Mit

$B_0$ = Magnetfeld des Spektrometers

$\nu$ = Frequenz des Spektrometers

$\gamma$ = gyromagnetisches Verhältnis.

Wenn das gyromagnetischen Verhältnis $\gamma(^{13}C)=6{,}73\cdot10^7\,T^{-1}s^{-1}$ und die Frequenz $\nu$ = 167 MHz betragen, so ist die Stärke des Magnetfelds:

$$B_0 = 15{,}6\ T$$

## 7. Zusammenfassung und Diskussion

Das Lösungsmittelgemisch wurde als eine Mischung aus Aceton und Cyclohexan identifiziert mit einem Verhältnis von 0,76 : 1 für Aceton : Cyclohexan (siehe Abb. 2 und 3). Das Spektrum wies jedoch Spuren von Verunreinigungen, die durch zwei Multipletts bei 7,15 ppm und 7,25 ppm und ein Singulett bei 2,36 ppm nach Lit. [4] eindeutig als Toluol identifiziert werden konnten.

**Aceton**, $^1$H-NMR (CDCl$_3$, 300 MHz): δ = 2,16 (s, 3H, CH$_3$).

**Lit. Aceton** [4], $^1$H-NMR (CDCl$_3$, 300 MHz): δ = 2,17 (s, 3H, CH$_3$).

**Cyclohexan**, $^1$H-NMR (CDCl$_3$, 300 MHz): δ =1,42 (s, 2H, CH$_2$).

**Lit.: Cyclohexan** [4], $^1$H-NMR (CDCl$_3$, 300 MHz): δ = 1,43 (s, 2H, CH$_2$).

Die erhaltenen Daten des aufgenommenen $^1$H-NMR-spektrums stimmen sehr gut mit denen der Lit. [4] überein.

Die Spektrenweite wurde als 16 ppm und die Zentrumsfrequenz relativ zu TMS als 7,49 ppm bestimmt.

Die erhaltene Pulslänge des 90°-Pulses beträgt 6,73 ± 0,55 µs. Der Fehler von 0,55 µs ist relative groß und könnte auf die Anpassung der Kurve mit einer Sinusfunktion an die erhatenen Intensitäten zurückzuführen sein.

Die Relxationszeit des Inversion-Recovery-Experiments wurde mit zwei unterschiedlichen graphischen Methoden bestimmt. Die Relaxationszeiten, die durch die Auftragung der Magnetisierung $M_z$ als Funktion der Wartezeit $\tau$ für Peak (1) beträgt 1,91 ± 0,02 s und für Peak (2) 1,90 ± 0,05 s. Die Relaxationszeiten, die durch die halblogarithmische Auftragung der Magnetisierung $\ln(M_0 - M_z)$ gegen die Warte-zeit $\tau$ erhalten wurden, betragen für Peak (1) 1,64 ± 0,01 s und für Peak (2) 1,66 ± 0,12 s. Die Werte aus den beiden Methoden weisen geringe Fehler auf, jedoch weichen die Werte für die Relaxationszeiten der beiden Methoden um ca. 0,24 s voneinander ab.

## 8. Literaturangaben

[1] chemie.unibas.ch/~nachwuchs/chemie/PDF/GymNMR.pdf

[2] cox-group.uni-hannover.de/fileadmin/cox-group/IM2_NMR-04-Loesungsmittel.pdf

[3] Universität zu Köln, Chemiefakultät, Institut für Physikalische Chemie, Praktikum PC-F Modul MN-C-E-PC, Versuch: NMR-Spektroskopie, WS1415, **2014**.

[4] H. E. Gottlieb et al., *J. Org. Chem.*, 62, 7512-7517, **1997**.